SUITES

A

BUFFON

PLANCHES

ZOOLOGIE GÉNÉRALE.

PARIS

A LA LIBRAIRIE ENCYCLOPÉDIQUE DE RORET.

Rue Hautefeuille, N° 10 bis.

ESSAIS DE ZOOLOGIE GÉNÉRALE.

INDICATION DES PLANCHES.

PLANCHE I. Hémione (*Equus hemionus*, Pall.), femelle adulte.

PLANCHES II et III. Caractères ornithologiques, tirés de la considération des ailes.

    Fig. 1. Aile suraiguë.   Exemple : Hirondelle-de-mer.
       2. — aiguë.   ——— Faucon.
       3. — sub-aiguë. —— Engoulevent.
       4. — sub-obtuse. —— Coucou.
       5. — obtuse.   —— Buse.
       6. — sur-obtuse. —— Geai.

PLANCHE IV. Faisan argenté, vieille femelle à plumage de mâle.

PLANCHE V. Faisan à collier, vieille femelle à plumage de mâle.

PLANCHE VI. Métis (mâle) de faisan doré et de faisan commun.

PLANCHE VII. Métis (mâle) de faisan argenté et de faisan commun.

PLANCHE VIII. Métis (femelle) de faisan argenté et de faisan commun (?)

A l'égard de ces dernières planches, voyez leur explication à la suite du huitième mémoire de la seconde partie, page 515.

PARIS. — IMPRIMERIE DE FAIN ET THUNOT,

IMPRIMEURS DE L'UNIVERSITÉ ROYALE DE FRANCE,

rue Racine, 28, près de l'Odéon.

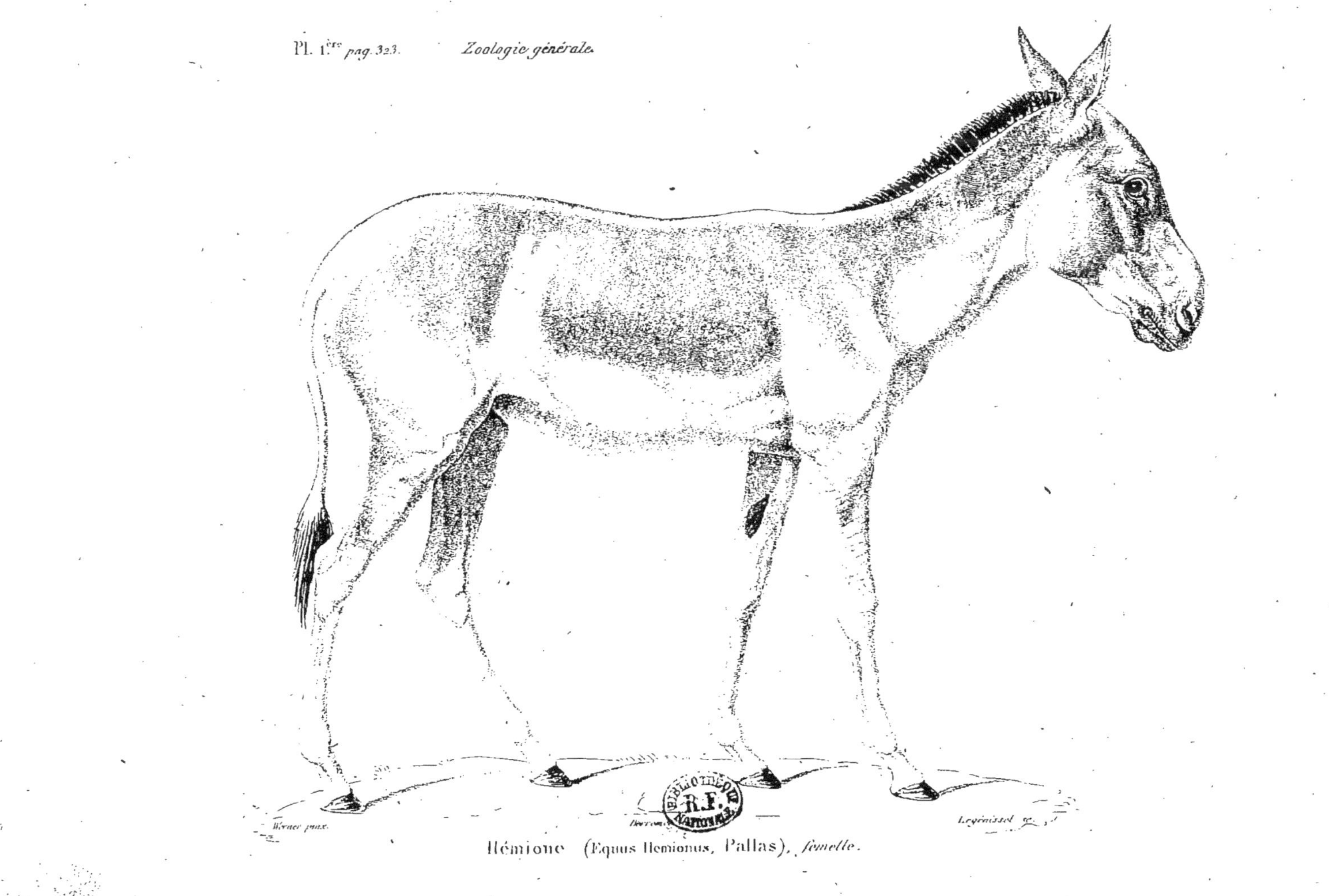

Hémione (Equus Hemionus, Pallas), femelle.

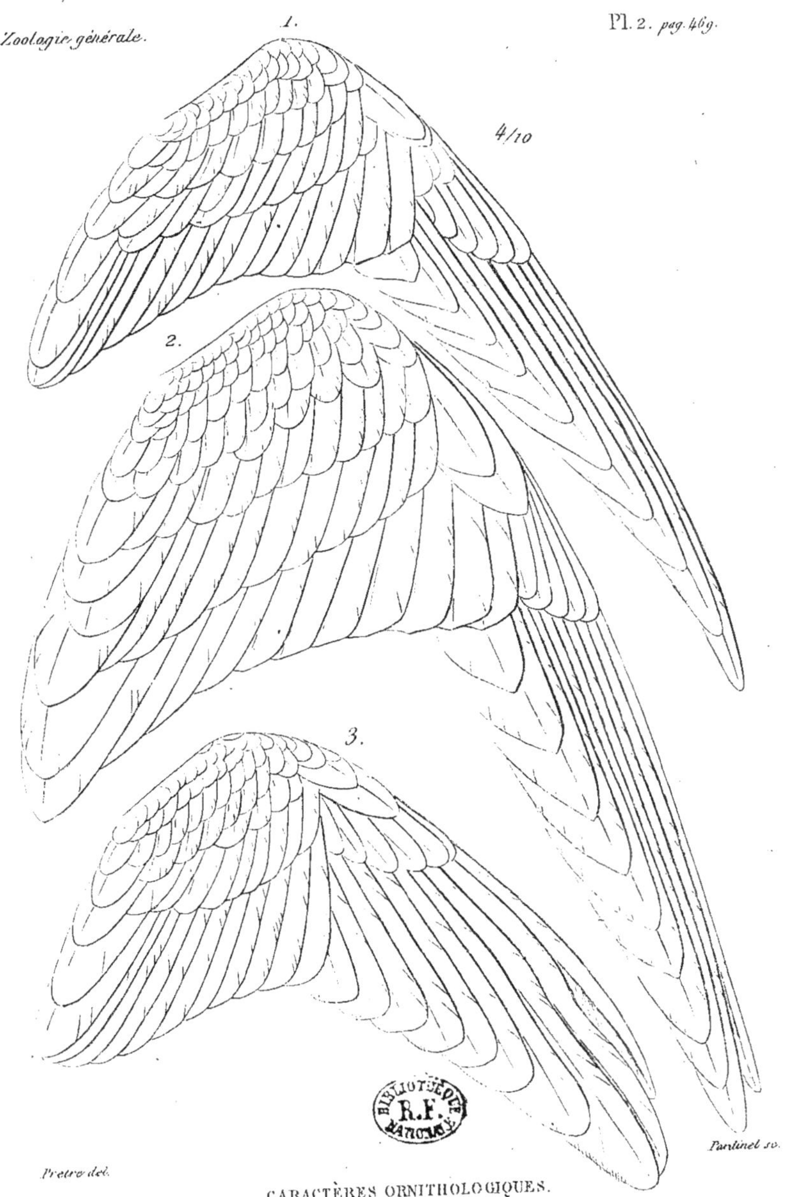

CARACTÈRES ORNITHOLOGIQUES.

1. Aile sur-aigüe. Hirondelle de mer.   2. Aile aigüe. Faucon.   3. Aile sub-aigüe. Engoulevent.

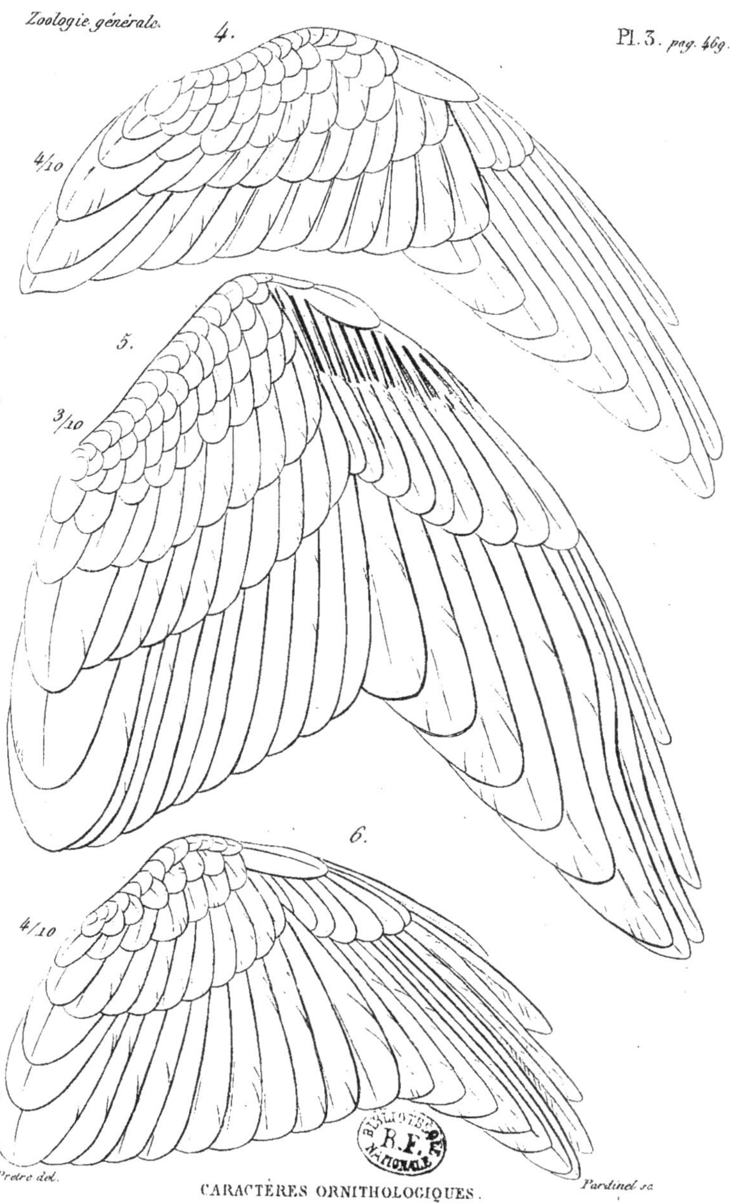

      CARACTÈRES ORNITHOLOGIQUES.

4. Aile sub-obtuse. Coucou.   5. Aile-obtuse. Buse.   6. Aile sur-obtuse. Geai.

Poule faisan dorée, vieille. (¼ de grandeur naturelle).

Zoologie générale.   Pl. 3. pag. 503.

Pretre del.

Guyard sc.

Poule faisane à collier, vieille. (¼ de grand. naturelle).

Prêtre del.

Paritnel sc.

Métis (mâle) de Faisan doré et de Faisan commun. (⅓ de grandeur naturelle).

Métis de Faisan Vénéré et de Faisan commun. (¾ de grandeur naturelle).

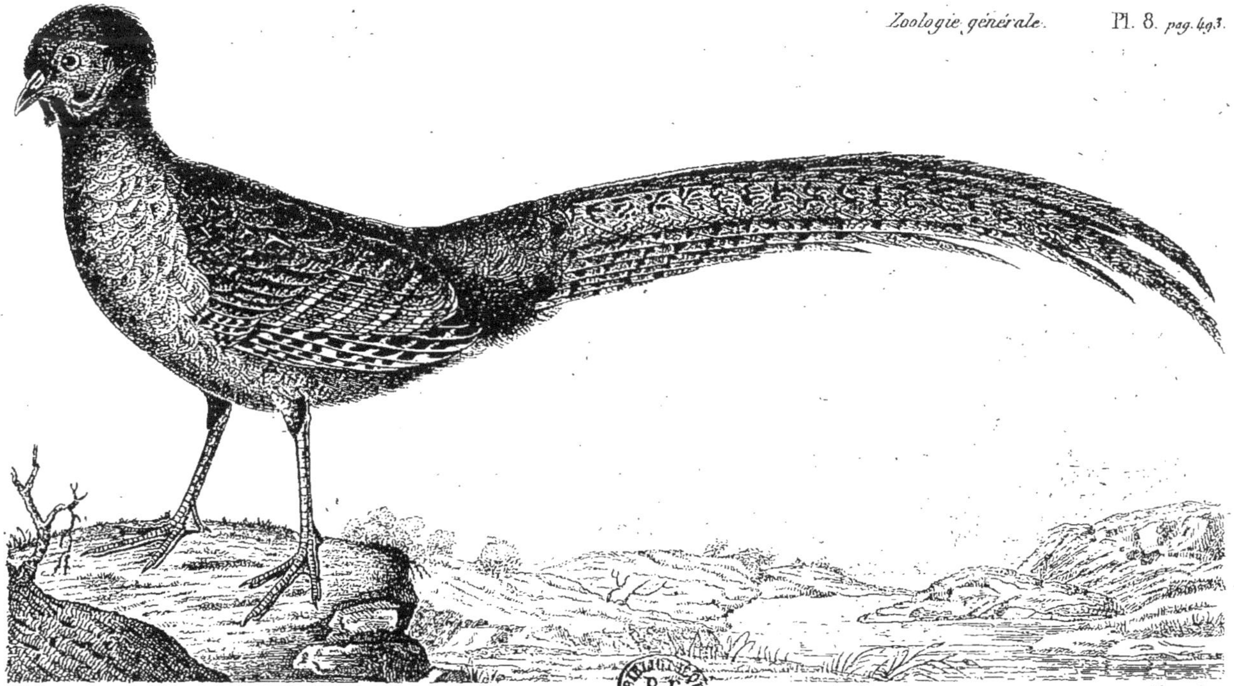

Prêtre del. *Guyard sc.*

Métis (femelle) de Faisan argenté et de Faisan commun (?) (1/4 de grandeur naturelle).